U0384338

Jianzhu Ke Yuedu
Shanghai Lishi Jiequ
Duoyuanhua Baohu yu Gengxin

建筑可阅读

上海历史街区
多元化保护与更新

周　霏◎著

四川大学出版社
SICHUAN UNIVERSITY PRESS

图书在版编目（CIP）数据

建筑可阅读：上海历史街区多元化保护与更新 ／ 周
霏著 . -- 成都：四川大学出版社，2024. 11. -- ISBN
978-7-5690-7427-7

Ⅰ . TU-862

中国国家版本馆 CIP 数据核字第 2024ZX4672 号

书　　名：建筑可阅读：上海历史街区多元化保护与更新
　　　　　Jianzhu Ke Yuedu：Shanghai Lishi Jiequ Duoyuanhua Baohu yu Gengxin
著　　者：周　霏

选题策划：曾　鑫
责任编辑：曾　鑫
责任校对：吴　丹
装帧设计：墨创文化
责任印制：李金兰

出版发行：四川大学出版社有限责任公司
　　　　　地址：成都市一环路南一段 24 号（610065）
　　　　　电话：(028) 85408311（发行部）、85400276（总编室）
　　　　　电子邮箱：scupress@vip.163.com
　　　　　网址：https://press.scu.edu.cn
印前制作：四川胜翔数码印务设计有限公司
印刷装订：成都金阳印务有限责任公司

成品尺寸：165mm×235mm
印　　张：7.25
字　　数：116 千字

版　　次：2024 年 11 月　第 1 版
印　　次：2024 年 11 月　第 1 次印刷
定　　价：49.00 元

扫码获取数字资源

四川大学出版社
微信公众号

前　言

　　在城市实践中，文化和旅游可以互促共赢、协同发展，在提升城市形象、赋能城市发展中具有重要意义。近年来，以文塑旅、以旅彰文的文旅融合理念在城市历史街区的保护与更新过程中越来越被重视。作为近现代史迹型国家历史文化名城的上海，重视用严格的方法保护和继承城市的历史文脉，并在实践中推动历史街区的多元化更新和历史建筑的多功能利用。从 2003 年公布的《上海市历史风貌区和优秀历史建筑保护条例》到 2021 年施行的《上海市城市更新条例》，上海历史街区的保护与更新从原来的"拆改留"转变为"留改拆"并举，以保留保护为主，开启了市场运作主体多元化和数字赋能、民生优先、共建共享的更新模式多元化的新时代。

　　上海形态丰富的各类历史建筑，既是城市内涵的外化，更是文旅深度融合的重要资源。2018 年，上海坚持以文塑旅、以旅彰文，在全国首创"建筑可阅读"这一历史街区保护和历史建筑活化利用新方式。

　　本书以"建筑可阅读"文旅融合项目的发展为引线，通过红色文化、海派文化、江南文化三个章节，介绍上海历史街区在新时代文旅融合背景下的多元化保护与更新的实践案例。

　　红色文化。2021 年公布的两批上海市革命文物名录，共涵盖 250 处不可移动革命文物和 3415 件（套）可移动革命文物，覆盖全市 16 个区，并实现四个等级不可移动革命文物和馆藏一级、二级、三级可移动革命文物的全覆盖。中国共产党一大、二大、四大纪念馆通过石库门里弄街区的更新改造而成功创建为国家 5A 级旅游景区。《上海红色文化地图（2021版）》集中呈现了上海 379 处红色文化资源。《关于全面提升上海市红色旅游发展水平的指导意见》明确提出将上海打造成为全国红色旅游发展高地、红色旅游融合发展本书典范、最具吸引力的红色旅游目的地之一。

海派文化。本书主要介绍上海石库门里弄、老洋房、旧式公寓等历史建筑在"建筑可阅读"文旅融合项目的发展过程中推动城市更新的案例。

江南文化。本书主要介绍上海市郊"江南水乡、古镇老街"的保护更新案例。

衷心希望本书能为对上海百年历史建筑和城市文化感兴趣的读者朋友带去收获与惊喜。

本书难免有缺点和不足之处，敬请读者朋友批评指正。

著　者
二〇二四年春

目 录

第一章 引 言/001

一、中国历史文化名城与名镇、名村/004

二、上海历史街区保护相关政策/007

三、人民城市发展理念与"建筑可阅读"项目/010

第二章 红色文化/015

一、上海历史街区中的红色历史/017

二、上海石库门建筑中的红色历程/018

三、上海红色文化地图与主要革命遗址/023

第三章 海派文化/035

一、石库门里弄的多元化保护/037

二、老洋房社区公共空间的活性化利用/044

三、旧式公寓的品牌化文旅开发/047

四、苏州河两岸百年工业遗产的创意化改造/049

第四章 江南文化/075

一、上海枫泾历史文化风貌区——枫泾古镇/077

二、上海朱家角历史文化风貌区——朱家角古镇/085

三、上海南翔双塔历史文化风貌区——南翔古镇/089

四、上海练塘历史文化风貌区——练塘古镇/091

五、上海金泽历史文化风貌区——金泽古镇/096

结　语/101

附　录/103

后　记/107

第 一 章

引 言

-
-
-
-
-
-
-

上海汇集了近代以来不同时期、不同风格的建筑，海派文化、红色文化与江南文化等众多元素融合衍生形成了独一无二的"上海建筑文化"，为展现别样的人文气象提供了深厚支撑。自《上海市城市总体规划（2017—2035 年）》确定打造卓越的全球城市及国际文化大都市目标以来，上海以最大化开放建筑空间、多元展现建筑背后的故事，作为带动城市更新、提升城市公共空间品质、塑造上海整体形象的新城市文化策略。

党的十九大以后，习近平总书记在 2019 年 11 月 2 日考察上海杨浦滨江公共空间时，首次完整提出"人民城市人民建，人民城市为人民"的重要理念。2020 年 11 月，在浦东开发开放 30 周年庆祝大会上，习近平总书记强调，"要坚持广大人民群众在城市建设和发展中的主体地位"的理念。上海市文化和旅游局局长方世忠认为，上海的历史建筑应该被更多人读到、听到、看到、体验到。阅读建筑不仅是阅读一栋一栋的建筑，更是阅读我们的城市、城市的文化以及生活在城市中的人。

上海市文化和旅游局围绕建筑的"可读性"，一方面，为老建筑创新设计"说明书"，用"二维码"讲述建筑背后的故事：从最初 400 余处增至 2957 处，内容也从简单的英文导览逐步发展为语音介绍、视频播放等多种形式，还解锁了 VR 多样化互动方式。另一方面，让更多建筑打破"藩篱"：华东政法大学围绕苏州河贯通，将校园内圣约翰大学近代建筑全面开放；上海音乐学院打开校园，将历史建筑融入城区、街区和社区……市民游客可免费进入参观已修缮完成并开放的私家花园洋房、里弄民居、企事业单位办公场所、博物馆纪念馆、A 级旅游景区等各类文物建筑、历史建筑和地标建筑，其中，可阅读的新场景、新空间累计开放量达到 1056 处。"颜值"不再是吸引客流的唯一方式，靠"近"、走"进"建筑，让更多人可以细读慢品城市文化。

以百姓心为心。上海市第十二次党代会报告中提出"要深入践行以人民为中心的发展思想，把最好的资源留给人民，用优质的供给服务人民"。其目的就是要展现人民城市的每一处历史，释放每一幢建筑的艺术魅力，让人民共享城市发展成果，实实在在地享有获得感、幸福感。

本书以上海"建筑可阅读"为主题，以红色文化、海派文化和江南文化为三条主线，采用图文＋数字二维码的形式讲述上海历史建筑的独特韵味，展现海纳百川的国际化都市所独有的魅力。

一、中国历史文化名城与名镇、名村

（一）历史文化名城、名镇、名村街区概念界定

1. 历史文化名城

1982 年 2 月，为了保护那些曾经是古代政治、经济、文化中心或近代革命运动和重大历史事件发生地的重要城市及其文物古迹免遭破坏，"历史文化名城"的概念被正式提出。根据《中华人民共和国文物保护法》，"历史文化名城"是指保存文物特别丰富，且具有重大历史文化价值和革命意义的城市。从行政区划看，历史文化名城并非一定是"市"，也可能是"县"或"区"。

国家历史文化名城按照特点主要分为以下七类（表 1-1）。

表 1-1　国家历史文化名城分类

类型	概念	案例
历史古都型	以都城时代的历史遗存物、古都的风貌为特点的城市	洛阳、北京、西安
传统风貌型	保留了一个或几个历史时期积淀的完整建筑群的城市	商丘、大理、平遥
一般史迹型	以分散在全城各处的文物古迹为历史传统主要体现方式的城市	开封、济南
风景名胜型	因建筑与山水环境的叠加而显示出鲜明个性特征的城市	桂林、苏州
地域特色型	由地域特色或独自的个性特征、民族风情、地方文化构成城市风貌主体的城市	丽江、拉萨
近代史迹型	以反映历史上某一事件或某个阶段的建筑物或建筑群为其显著特色的城市	上海、重庆
特殊职能型	因某种职能在历史上占有极突出地位的城市	"瓷都"景德镇、"盐城"自贡

2. 历史文化名镇名村

历史文化名镇名村是指保存文物特别丰富且具有重大历史价值或纪念意义的、能较完整地反映一些历史时期传统风貌和地方民族特色的镇和村。

这些村镇分布在全国 25 个省份，包括太湖流域的水乡古镇群、皖南古村落群、川黔渝交界古村镇群、晋中南古村镇群、粤中古村镇群，既有乡土民俗型、传统文化型、革命历史型，又有民族特色型、商贸交通型。这些村镇类型丰富，基本反映了中国不同地域历史文化村镇的传统风貌。住房和城乡建设部、国家文物局对外公布六批 252 处历史文化名镇和六批 276 处历史文化名村。

3. 历史文化街区

历史文化街区是指经省、自治区、直辖市人民政府核定公布的保存文物特别丰富，同时历史建筑集中成片，能够完整和真实地体现传统格局和历史风貌，并有一定规模的区域。《文物保护法》中对历史文化街区的界定：法定保护的区域，学术上叫"历史地段"。

住房和城乡建设部、国家文物局对外公布第一批中国历史文化街区，共 30 个街区入选（表 1-2）。

表 1-2 第一批中国历史文化街区

街名	街名
1. 北京市皇城历史文化街区	16. 浙江省绍兴市蕺山（书圣故里）历史文化街区
2. 北京市大栅栏历史文化街区	17. 安徽省黄山市屯溪区屯溪老街历史文化街区
3. 北京市东四三条至八条历史文化街区	18. 福建省福州市三坊七巷历史文化街区
4. 天津市五大道历史文化街区	19. 福建省泉州市中山路历史文化街区
5. 吉林省长春市第一汽车制造厂历史文化街区	20. 福建省厦门市鼓浪屿历史文化街区
6. 黑龙江省齐齐哈尔市昂昂溪区罗西亚大街历史文化街区	21. 福建省漳州市台湾路－香港路历史文化街区

街名	街名
7. 上海市外滩历史文化街区	22. 湖北省武汉市江汉路及中山大道历史文化街区
8. 江苏省南京市梅园新村历史文化街区	23. 湖南省永州市柳子街历史文化街区
9. 江苏省南京市颐和路历史文化街区	24. 广东省中山市孙文西路历史文化街区
10. 江苏省苏州市平江历史文化街区	25. 广西壮族自治区北海市珠海路－沙脊街－中山路历史文化街区
11. 江苏省苏州市山塘街历史文化街区	26. 重庆市沙坪坝区磁器口历史文化街区
12. 江苏省扬州市南河下历史文化街区	27. 四川省周中市华光楼历史文化街区
13. 浙江省杭州市中山中路历史文化街区	28. 云南省石屏县古城区历史文化街区
14. 浙江省龙泉市西街历史文化街区	29. 新疆维吾尔族自治区库车县热斯坦历史文化街区
15. 浙江省兰溪市天福山历史文化街区	30. 新疆维吾尔族自治区伊宁市前进街历史文化街区

（二）历史文化名城名镇名村及街区保护工作历程

我国历史文化名城名镇名村及街区保护研究和实践已经历了40年，大致可分为三个阶段。

第一阶段：历史文化名城保护兴起（1982—1994年）。

1982年是重要的一年，《中华人民共和国文物保护法》（以下简称《文物保护法》）颁布，正式建立我国历史文化名城保护制度，公布了第一批24个历史文化名城、第二批62处全国重点文物保护单位。我国文化遗产保护在"文化大革命"以后迎来崭新的开始；之后，国务院先后于1986年、1994年公布了第二、第三批历史文化名城；1988年又公布了第三批全国重点文物保护单位；1989年颁布《城市规划法》，强调城市规划应保护历史文化遗产。

第二阶段：历史文化街区深入保护（1995—2002 年）。

随着历史文化名城保护的发展，国家越来越认识到历史文化街区是历史文化名城保护的重要层次。1996 年在黄山召开的历史街区保护研讨会和 1997 年建设部转发的《黄山市屯溪老街区历史文化保护区保护管理暂行办法》，明确了历史文化街区的重要地位和保护原则方法。1997 年国家又设立历史文化名城专项保护基金，对 16 个历史文化街区进行资助。2002 年修订《中华人民共和国文物保护法》，正式建立历史文化街区保护制度，我国历史文化遗产保护逐步完善。

第三阶段：历史文化名城名镇名村的全面保护（2003 年至今）。

2003 年，建设部和国家文物局公布了第一批 22 个中国历史文化名镇名村，标志着历史文化名镇名村正式进入我国文化遗产保护体系。2005 年国务院《关于加强文化遗产保护意见》、2007 年颁布的《中华人民共和国城乡规划法》和修订的《中华人民共和国文物保护法》，明确了要加强历史文化名城名镇名村保护；2008 年国务院颁布《历史文化名城名镇名村保护条例》，标志着历史文化名城名镇名村保护已经全面进入法制化轨道。2011 年颁布的《中华人民共和国非物质文化遗产法》以及先后公布的两批共 1028 项国家级非物质文化遗产，使非物质文化遗产成为历史文化名城名镇名村保护的重要内容。2011 年，住建部和国家文物局开展的国家历史文化名城、中国历史文化名镇名村保护检查工作，是我国自1982 年建立历史文化名城保护制度以来的第一次全国范围的检查，有力地促进了各地的保护工作。

二、上海历史街区保护相关政策

（一）《上海市历史文化风貌区和优秀历史建筑保护条例》

在 1991 年，上海市政府就颁布了中国第一部有关近代建筑保护的地方性政府法令《上海市优秀近代建筑保护管理办法》。为了进一步加强对上海市历史文化风貌区和优秀历史建筑的保护，促进城市建设与社会文化的协调发展，根据有关法律、行政法规，结合上海市实际情况，2002 年 7月 25 日上海市第十一届人民代表大会常务委员会第四十一次会议通过了

《上海市历史文化风貌区和优秀历史建筑保护条例》。

自 2003 年 1 月《上海市历史文化风貌区和优秀历史建筑保护条例》实施以来，上海积极推进历史文化风貌区和优秀历史建筑的保护工作。2019 年，上海通过对该条例的修订，进一步贯彻落实中央和市委关于历史文化遗产保护的最新要求和部署，践行"整体保护、以用促保"的理念，聚焦"扩大保护范围、强化政府责任、完善保护措施、促进活化利用"等方面工作。

《上海市历史文化风貌区和优秀历史建筑保护条例》按照"点"（文物建筑、优秀历史建筑）—"线"（风貌保护道路、河道）—"面"（历史文化风貌区、风貌保护街坊）的原则划分。按规则分级之后，对应不同方式的更新模式，不仅能形成"地方标志"，也可以创造出具有商业价值的"城市空间"。

无论是出于城市形象的构建还是历史文化的传承，对于历史文化风貌的保护都是必要的，上海市政府始终注重历史风貌的保护和传承。从保护政策的沿革演变来看，上海市历史文化风貌保护工作有着由点及面、由散到整、由粗到精的推进方向与发展趋势。

（二）历史文化风貌区规划

上海市历史文化风貌区，是指历史建筑集中成片，建筑样式、空间格局和街区景观较完整地体现上海某一历史时期地域文化特点的地区。已确定了 44 片历史文化风貌区，其中中心城区 12 片共 27 平方公里，郊区及浦东新区 32 片共 14 平方公里。

历史文化风貌区强调上海城市风貌保护的整体性。以区域风貌保护为核心，对每一地块的建筑密度、建筑沿街高度与尺度、建筑后退红线、街道空间等都做了详尽的规定和分地块规划图则，表达方式直观明了，便于日常规划管理。同时，从规划上，对历史文化风貌区内所有建筑进行分类保护，将建筑分为保护建筑、保留历史建筑、一般历史建筑、应当拆除建筑和其他建筑五类，将每一幢建筑的保护、保留、改造与拆除的规划要求加以明确，力求整体风貌达到最大限度保护。

上海市现有 19 处全国重点文物保护单位、163 处市级文物保护单位。在保护城市历史文物的基础上，为了进一步加强对城市历史风貌的保护力度，市政府先后公布了四批优秀历史建筑共 632 处、2138 幢，总建筑面积约 400 万平方米，包括不同时期、不同类型的公共建筑、居住建筑和工业建筑。此外，有 144 条道路和街巷被列为风貌保护道路，其中 64 条风貌保护道路为永不拓宽道路。1996 年，在郊区内确定 4 个历史文化名镇，其中枫泾镇和朱家角镇还分别被确定为国家历史文化名镇。

（三）风貌保护道路与"永不拓宽的街道"

上海市风貌保护道路（街巷），是指经上海市人民政府批准的《历史文化风貌区保护规划》所确定的中心城区历史文化风貌特色明显的一、二、三、四类风貌保护道路（街巷），包括沿线两侧第一层面建筑、绿化等所占区域。2007 年 9 月 17 日，确定了中心城区 12 个风貌区内的风貌保护道路共计 144 条，其中一类风貌保护道路有 64 条。

上海市风貌保护道路中的 64 条"永不拓宽"的道路，分布在 9 个历史文化风貌区。这 64 条"一类风貌保护道路"保留着原有道路的宽度和相关尺度，并严格控制沿线开发地块的建筑高度、体量、风格、间距等，这 64 条街道因而被称作"永不拓宽的街道"。

（四）市郊"古村镇"

中国传统村落，原名古村落，是指民国以前建村，建筑环境与风貌、村落选址未有大的变动，具有独特民俗民风，虽经历久远年代，但至今仍为人们服务的村落。这些村不仅拥有物质形态和非物质形态文化遗产，而且具有较高的历史、文化、科学、艺术、社会和经济价值。2012 年 9 月，经传统村落保护和发展专家委员会第一次会议决定，将习惯称谓"古村落"改为"传统村落"，突出其文明价值及传承的意义。

为了保护这些传统村落不受到更大的破坏，住房和城乡建设部、文化部、财政部等部门从 2012 年起组织开展了全国传统村落摸底调查。将具有重要保护价值的村落列入《中国传统村落名录》，确立了物质文化遗产、非物质文化遗产、传统村落遗产三大保护体系。至 2015 年底全国已有三批共 2555 个村落列入中国传统村落名录。在 2012 年 12 月 20 日公布的第一批 646 个中国传统村落中上海有 5 处入选，分别为：闵行区马桥镇彭渡村、闵行区浦江镇革新村、宝山区罗店镇东南弄村、浦东新区康桥镇沔青村和松江区泗泾镇下塘村。其中闵行区浦江镇革新村和松江区泗泾镇下塘村被认定为中国历史文化名村。

此外，上海有 10 个古镇获得"中国历史文化名镇"称号，分别为：浦东新区的新场镇、高桥镇、川沙镇，青浦区的朱家角镇、金泽镇、练塘镇，金山区的枫泾镇、张堰镇，嘉定区的嘉定镇、南翔镇。其中，嘉定镇、松江镇、朱家角镇、南翔镇在 1991 年被上海市人民政府列为首批上海市历史文化名镇，即上海四大古镇。

三、人民城市发展理念与"建筑可阅读"项目

在城市更新中，历史街区的保护是一个永恒的话题。越来越多的历史街区和建筑成为城市化进程中一座城市的记忆和旅游景点。

上海是 1986 年 12 月中国国务院公布的"国家历史文化名城"之一。《2017—2035 年上海城市总体规划》（又称"上海 2035 年规划"）提出，历史街区的保护和发展需要"政策机制的创新、更新和激活"。"上海 2035 年规划"中指出，上海要建设"令人向往的卓越全球城市"，努力建设创新之城、人文之城、生态之城。

（一）"人民城市"理念

党的二十大报告提出"坚持人民城市人民建、人民城市为人民"的人民城市发展理念。建筑作为城市的主要载体，是镌刻时代文明的符号，其建筑历史全方位、立体式地展示着民族迈向伟大复兴百年历史的深刻辙印，成为市民及游客了解一座城市历史、文化和精神品格的绝佳载体。

2023 年 12 月，习近平总书记在上海考察时指出，要全面践行人民城市理念，努力走出一条中国特色超大城市治理现代化的新路。城市建设是中国式现代化建设的重要引擎。上海在习近平总书记"人民城市人民建、人民城市为人民"的理念引领下，坚持走中国特色城市发展道路，着力推

动人民城市建设高质量发展的新局面。加快推进城市更新是提高人民生活质量的重要举措，是推动城市发展的重要路径，是践行人民城市理念的必然要求。

城市中的历史遗迹、文化古迹、人文底蕴，是城市生命的一部分。上海在城市更新的过程中对红色文化、中华优秀传统文化、城市文化等方面做了大量的保护工作。遵循城市让人民生活更美好理念，上海通过满足人民需求，进行适时适度的城市更新。

（二）"建筑可阅读"

2017年，上海市第十一次党代会明确提出，要实现"建筑是可以阅读的，街区是适合漫步的，城市是有温度的"的发展目标。为充分把握上海丰厚的历史建筑资源，让建筑的故事被更多人读到、听到、看到、体验到，上海市文化和旅游局围绕"建筑可阅读"——文化和旅游融合创新实践进行了系统谋划，并通过分阶段、有侧重地紧密开展相关设计与实施工作，因地制宜地形成了一套以科技手段强化提升城市历史建筑保护利用水平的科学创新方案，塑造了更多可亲近、可参与、可体验的文化新空间和休闲好去处，让市民游客在上海"发现更多、体验更多"（图1-1）。

自2020年以来，上海推动"建筑可阅读"从设置二维码以方便市民游客了解建筑背后故事的"扫码阅读"1.0版，到扩大各类建筑开放以让市民游客走进历史建筑的"开放建筑"2.0版，再到深度利用数字化方式、激发全民参与的"数字转型"3.0版，让"阅读建筑"成为市民游客了解上海这座城市及其历史文化的"首选方式"，在开启了"建筑可阅读"的数字化时代的同时也探索着上海历史街区多元化保护与更新的文旅融合新模式（图1-2）。

图1-1　"建筑可阅读"宣传活动

图1-2　上海首条"建筑阅读"专线巴士

此外，"建筑可阅读"项目同时也推动着经典书籍阅读，先后发布《这里是上海：建筑可阅读》《遇见武康大楼》《梧桐深处：建筑可阅读》等经典书籍，以图文并茂、中英对照的形式，介绍上海历史建筑渊源、特色风格与文化内涵，联动各传播渠道激发大众参与热情，掀起全城打卡建筑、走进建筑、解读城市的热潮（图1-3）。

图 1-3 "建筑可阅读"相关书籍

截至 2023 年底，上海市已累计完成对 474 处文物建筑和 96 处优秀历史建筑的修缮保护和活化利用工程，全面促成党的一大会址、武康大楼、上生·新所、今潮 8 弄等历史建筑的保护更新，令其成为富有时代感染力的"红色课堂"、内涵颜值并存的"文旅地标"。同时，"建筑可阅读"项目也推动着华东政法大学、上海音乐学院、上海展览中心等 1056 处各类经典建筑的维护工作，使其成为与民共享的"没有围墙的建筑博物馆"，加快了人民城市理念在上海的实践，与人民群众共享历史文化遗产保护的成果。

参考资料：

[1] 上海市历史文化风貌区和优秀历史建筑保护条例［EB/OL］．上海市规划和自然资源局．（2019-09-26）［2024-04-26］．https://ghzyj. sh. gov. cn/nw2508/20231011/3ebd9e6592054f96ad79651107485914. html.

[2] 上海市城市规划管理局，上海市测绘院，上海市城市建设档案馆．上海市历史文化风貌区和保护建筑地图［M］．上海：中华地图学

社，2008.

[3] 伍江，王林. 历史文化风貌区保护规划编制与管理：上海城市保护的实践 [M]. 上海：同济大学出版社，2007.

[4] 陈丹燕. 永不拓宽的街道 [M]. 上海：东方出版中心，2008.

[5] 上观新闻. 上海 64 条永不拓宽的马路居然还分成 3 个 "战队"！你最喜欢哪个？[EB/OL]. 央广网. （2018－08－17）[2024－04－05]. https：//www. cnr. cn/shanghai/tt/20180817/t20180817 _ 5243349 64. shtml.

[6] 住房城乡建设部 文化部 财政部关于公布第一批列入中国传统村落名录村落名单的通知 [EB/OL]. 人民网. （2012－12－20）[2023－01－19]. http://politics. people. com. cn/n/2012/1220/c70731－19958485. html.

[7] 文旅中国. 最佳创新成果｜一座有温度的城市，从 "建筑可阅读" 开始，文旅中国 [EB/OL]. 澎拜网. （2022－12－20）[2024－04－05]. https://www. thepaper. cn/newsDetail _ forward _ 21241228.

[8] 赵勇. 以人民城市理念推进城市更新 [EB/OL]. 光明网. （2024－02－19）[2024－04－26]. https://news. gmw. cn/2024－02／19/content _ 37150843. htm.

[9] 宗明. 这里是上海：建筑可阅读 [M]. 上海：上海人民出版社，2020.

[10] 在这里读懂上海，首条 "建筑可阅读" 专线巴士开通 [EB/OL]. 央广网. （2021－09－17）[2024－04－26]. https://www. cnr. cn/shanghai/tt/20210917/t20210917 _ 525605214. shtml.

第<二>章

红色文化

·
·
·
·
·
·
·
·

习近平总书记在考察上海时特别强调，要注重传承城市文脉，加强文物和文化遗产保护，传承弘扬红色文化。上海拥有丰富的红色文化，中共一大、二大、四大都在上海召开，许多老一辈无产阶级革命家长期在上海工作生活。本书的第二章"红色文化"，在梳理中国共产党上海历史的基础上，以图文并茂的形式，力求展示中国共产党在上海带领人民经历党的创建直至取得胜利的历史过程。2021年公布的两批上海市革命文物名录，共涵盖250处不可移动革命文物和3415件（套）可移动革命文物，覆盖全市16个区，并实现四个等级不可移动革命文物和馆藏一级、二级、三级可移动革命文物的全覆盖。中共一大、二大、四大纪念馆通过石库门里弄街区的更新改造，成功创建为国家5A级旅游景区。《上海红色文化地图（2021版）》集中呈现了上海379处红色文化资源。

一、上海历史街区中的红色历史

（一）红色历史概述

"作始也简，将毕也钜。"五四时期新文化运动前后，马克思主义开始在中国传播，并逐渐与中国工人运动相结合。1920年夏，第一个共产党早期组织在上海成立。1921年，上海作为中国工人阶级的主要发源地之一，是工人阶级最集中的地方。同时，上海也是新文化运动中心，是介绍和传播马克思主义的重要基地。

中国共产党诞生后，曾一度将上海作为中央机关所在地，领导全国的革命运动和工人运动。毛泽东、周恩来、刘少奇、任弼时、邓小平、陈云等老一辈无产阶级革命家都曾在上海从事革命活动和领导工作。党的一大会址、党的二大会址、毛泽东旧居、周公馆、陈云故居等革命活动旧址，现在依然保存完好。

（二）革命遗址地域分布分析

上海市遗址总数共657处（其中革命遗址456处，其他遗址201处）。革命遗址456处，占全市总数的69.41％；其他遗址201处，占全市总数的30.59％。

从地域分布来看，市区是中国共产党在上海活动的主要区域，因此上海市区革命遗址分布相对较为集中，数量较多。上海郊区革命遗址则分布较散，相对数量也较少。中国共产党第一次全国代表大会就是在上海法租界望志路 106 号（现黄浦区兴业路 76 号）召开的，中国共产党第二次全国代表大会是在上海英租界南成都路辅德里 625 号（现静安区老成都北路 7 弄 30 号）举行的。

二、上海石库门建筑中的红色历程

上海是中国共产党的诞生地和中共中央早期所在地。在新民主主义革命时期，中国共产党共召开了七次全国代表大会，其中就有三次是在上海召开的，分别为中共一大、中共二大和中共四大。从 1921 年 7 月中国共产党正式成立，到 1933 年 1 月中共临时中央政治局迁往江西，这 12 年间中共中央领导机关除三次短暂迁离外一直设在上海，在上海留下了众多珍贵的革命遗址和丰富的革命历史资源。

（一）中共一大会址

1921 年 7 月 23 日，中国共产党第一次全国代表大会在上海望志路 106 号（今兴业路 76 号）开幕。会议期间，各地代表报告了本地区党、团组织的情况，讨论了党纲和决议草案。30 日开会时，受到了法租界巡捕的干扰，最后一天的会议转移到嘉兴南湖举行。中共一大正式宣告了中国共产党的成立，提出了党的任务是进行无产阶级革命和建立无产阶级专政，最终实现共产主义。中国共产党的成立，标志着中国革命的发展进入了新的阶段。图 2-1 为中共一大会址外景。

图 2-1 中共一大会址

（二）中共二大会址

1922 年 7 月 16 日至 23 日，中国共产党第二次全国代表大会在上海召开，陈独秀主持大会，并代表中央局作中央工作概况及政治主张的报告，施存统汇报社会主义青年团一大的情况与决议。大会选举陈独秀、李大钊、蔡和森等 5 人为中央执行委员。陈独秀为委员长，蔡和森为宣传委员。中共二大的会址之一是原公共租界南成都路辅德里 625 号，今老成都北路 7 弄 30 号（图 2-2），当时是李达的寓所，第一天的大会是在这里举行的。吸收中共一大的经验，为避免租界巡捕房的干扰，其他几天的会议都选择在不同地点举行。中共二大第一次提出了明确的反帝反封建的民主革命纲领，通过了第一个党章，对党员条件、党的各级组织和党的纪律作出具体规定，体现了民主集中制原则，这对加强党的自身建设具有重要意义。

图 2-2　中共二大会址

（三）中共四大会址

中共四大于 1925 年 1 月 11 日至 22 日在上海虹口东宝兴路"广吉里"弄堂（图 2-3）举行。代表 20 人，当时全国共产党员数为 994 人。

图 2-3　中共四大会址

党的四大的重大历史功绩在于，提出了无产阶级在民主革命中的领导权问题，提出了工农联盟问题，对民主革命的内容作了更加完整的规定，指出在"反对国际帝国主义"的同时，既要"反对封建的军阀政治"，还要"反对封建的经济关系"。这是中国共产党在总结建党以来尤其是国共合作一年来实践经验基础上，对中国革命问题认识的重大进展。

三、上海红色文化地图与主要革命遗址

在 2021 年"文化和遗产日"，《上海红色文化地图（2021 版）》（以下简称"地图"）正式发布。地图目录以上海市委党史研究室汇编整理的 600 余处红色文化资源为基础，以"五四运动"起始至上海解放为时限，包含各级文物保护单位、文物保护点、优秀历史建筑和立碑挂牌的红色革命旧址、遗址以及纪念设施，从中选取红色文化资源 379 处（2020 版有 188 处）。其中包括：革命旧址 195 处，革命遗址 83 处，纪念设施 101 处。尚待考证或位置不明确的点位暂未收录。为方便市民寻访学习，点位地址均为今址。

2021 版上海红色文化示意图在 2020 版设计基础上，创新采用"主

图＋附图"形式，构成小开本套装组合。主图正面标注379处点位，背面印制100个重要点位的图片；附图（《上海红色文化之旅》）正面设计了6条红色资源寻访路线，标注红色文化资源手绘图案和交通方式，便于读者前往，背面重点推荐若干处对外开放且展示内容较为丰富的红色场馆、旧址，供市民深度体验。6条路线均可拆分为独立的示意图，便于市民携带使用。同时，以"纸质＋电子"形式，配套设计电子版本，供读者扫码浏览（图2-4、图2-5），对100处重要点位予以图文详细介绍。

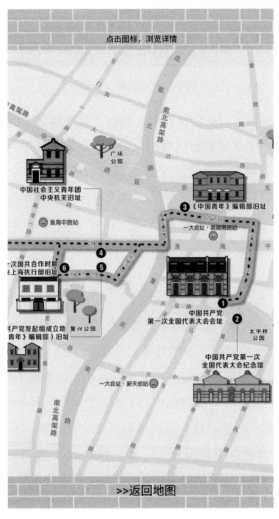

图2-4　上海红色文化示意图（2021版）局部

路线一　初心之地·红色之城

中共一大纪念馆—中国共产党代表团驻沪办事处旧址—中共二大会址纪念馆

路线二　隐蔽战线·文化阵地

多伦路文化名人街：瞿秋白故居—鲁迅故居—恒丰里—内山书店—左联纪念馆—李白烈士故居

路线三　红色精神·薪火相传

龙华烈士陵园—淞沪抗战纪念馆

路线四　回味老城厢

豫园社区文化活动中心—城隍庙—童涵春堂中药博物馆—湖心亭

路线五　寻根云间城

云间第一桥—大仓桥—杜氏雕花楼—仓城张氏米行

图2-5　红色基地标志与"建筑可阅读"二维码（图右下角位置）

（一）孙中山故居

上海孙中山故居纪念馆（图2-6），位于上海市黄浦区香山路7号，占地面积2500余平方米，展示面积1100平方米，主要由孙中山故居和孙中山文物馆两个展示场所组成。

图 2-6　孙中山故居纪念馆

　　孙中山故居是孙中山和宋庆龄唯一共同的住所，是一幢欧洲乡村式小洋房，由当时旅居加拿大的华侨集资买下赠送给孙中山的。孙中山和夫人宋庆龄于 1918 年入住于此，1925 年 3 月孙中山逝世后，宋庆龄继续在此居住至 1937 年。抗日战争爆发后，宋庆龄移居香港、重庆。1945 年底，宋庆龄回到上海将此寓所移赠给国民政府，作为孙中山的永久纪念地。纪念馆由一幢欧式洋房改建而成，共有 3 层、8 个展区，展览面积 700 多平方米，共展出文物、手迹、资料 300 余件。

　　1961 年 3 月上海孙中山故居被国务院列为首批全国重点文物保护单位。1988 年 3 月故居正式对外开放，1994 年故居被列为上海市爱国主义教育基地。2017 年 12 月，入选第二批中国 20 世纪建筑遗产。2021 年 3 月，入选上海市第一批革命文物名录。

　　（二）上海茂名路毛泽东旧居

　　上海茂名路毛泽东旧居（图 2-7）位于繁华的南京西路的"后街"茂名北路上，建于 1911 年，占地面积 576 平方米，建筑面积 490 平方米，为砖木结构的石库门民居，是毛泽东第九次来上海工作期间居住的地方，也是他在上海住的时间最长的一处（1924 年 2 月至年底），更是他和杨开慧一起开展革命活动的一个住所。

图 2-7　上海茂名路毛泽东旧居

　　1924 年 1 月，毛泽东到上海，在共产党中央局工作。他先是住在三曾里，不久便搬到慕尔鸣路甲秀里（今茂名北路 120 弄 7 号），与挚友蔡和森、向警予夫妇为邻。6 月，杨开慧偕母向振熙带着 2 岁的儿子毛岸英和出生不久的毛岸青来沪，一起住在这里。在此期间，毛泽东以中国共产党中央局秘书身份，管理党的日常工作，签发了《中央通告第 15 号——对国民党右派的斗争》等一系列党中央的文件。此外，他还负责了黄埔军校在上海地区招生的复试、上海各界追悼列宁大会的组织筹备以及平民教育的指导等。

（三）周公馆——周恩来故居（黄浦区思南路 73 号）

1946 年，在中国共产党与国民党政府进行谈判期间，上海思南路 107 号（现为思南路 73 号）的大门上，钉有一块铜牌，刻有"周公馆"三个大字（图 2-8）。铜牌下端还有一行英文，直译就是"周恩来将军官邸"。"周公馆"是一幢坐北朝南的一底三楼独立式花园洋房，其花园南面与梅兰芳公馆相望。

图 2-8 周公馆

（四）左翼文化运动与鲁迅故居

20 年代末 30 年代初，无产阶级左翼文化运动在苏联、日本、美国、德国、法国等国家都有着不同程度的发展。苏联在十月革命后出现了许多左翼文艺团体，1925 年建立统一的俄罗斯无产阶级作家联盟（拉普）。在共产国际的倡导下，苏联、日本、美国、德国、法国等 11 个国家的 30 余位左翼作家相聚莫斯科，举行国际革命作家大会，宣告了国际革命作家联盟的成立。

与此同时，中国革命面临着重要的转折关头，中国左翼文化运动在国内外革命形势的风云变幻中应运而生。1929年10月，依据党的六届二中全会通过的《宣传工作决议案》精神，成立了文化工作委员会，直属中宣部领导。

1930年3月2日，左联成立大会在中华艺术大学（窦乐安路233号，今多伦路201弄2号，如图2-9所示）如期举行。来自"创造社""太阳社""我们社""引擎社""艺术剧社"等进步文艺社团的成员50余人出席。大会首先推定鲁迅（图2-10）、夏衍、钱杏邨3人为主席团成员。冯乃超报告筹备经过，郑伯奇对纲领作了说明。潘汉年作了题为《左翼作家联盟的意义及其任务》的讲话，阐明了成立左联的意义，在于"有目的、有计划去领导发展中国的无产阶级文学运动，加紧思想的斗争，透过文学艺术，实行宣传与鼓动而争取广大群众走向无产阶级斗争的营垒"。接着，潘汉年又指出了左联面临的4项任务：正确的马克思主义文学理论的宣传与斗争；确立中国无产阶级的文学运动理论的指导；发展大众化的理论与实际，加紧大众化作品的创作；自我批判的必要。

图 2-9 左联成立大会会址

图 2-10　鲁迅故居（今山阴路 132 弄 9 号）

（五）中国社会主义青年团中央机关旧址纪念馆

　　1920 年 8 月 22 日，在中国共产党早期组织的领导下，在上海法租界霞飞路新渔阳里 6 号（今淮海中路 567 弄 6 号），中国第一个社会主义青年团——上海社会主义青年团成立了，俞秀松担任书记。上海社会主义青年团的创建，对全国各地社会主义青年团的建立起到了发动和指导作用。

在团的临时章程中曾明确规定，在"正式团的中央机关未组成时，以上海团的机关代理中央职权"。

中国社会主义青年团中央机关旧址纪念馆（图 2-11）是一幢砖木结构的石库门建筑，建于 1915 年。此处当时还是华俄通讯社和外国语学社的所在地。外国语学社学员多时达五六十人，刘少奇、任弼时、肖劲光、罗亦农等人在此开启了他们的革命生涯。1961 年 3 月 4 日，旧址被国务院列为全国重点文物保护单位。2004 年 4 月，旧址纪念馆建成并对外免费开放，2009 年被中共中央宣传部公布为全国爱国主义教育示范基地。

图 2-11　中国社会主义青年团中央机关旧址纪念馆

参考资料：

[1] 复旦大学. 上海红色文化资源网［EB \ OL］. （2022-05-10）.
　　［2024-04-20］. https：//shhongse. fudan. edu. cn/gywm/zygs. htm.

[2] 央视新闻. 来打卡！《上海红色文化地图（2021 版）》正式发布
　　［EB/OL］. 央视网. （2021-06-11）［2024-04-26］. https：//sh.
　　cctv. com/2021/06/11/ARTIwaECOEpIa7ewIVbvoOul210611. shtml

[3] 上海红色文化地图（2021 版）发布！6 条红色线路新鲜出炉. 上海发

布 ［EB/OL］.（2021－06－10）［2024－04－26］. https://www. shwmsj. gov. cn/ffjswhsh/2021/06/10/035565b0 － b14b － 4842 － 96a6－3cc52bb31acd. shtml.

［4］ 本书编写组. 中国共产党简史 ［M］. 北京：人民出版社、中共党史 出版社，2021.

第<三>章

海派文化

-
-
-
-
-
-
-
-

本章介绍上海石库门里弄、老洋房、旧式公寓等历史建筑在"建筑可阅读"文旅融合项目的发展过程中推动城市更新的案例。

一、石库门里弄的多元化保护

(一)新天地

上海新天地属于衡山路—复兴路一带的历史街区,位于上海市黄浦区的马当路一带,是一个能展现上海中西合璧的独特的历史文化特色的都市旅游景观。新天地所在的区域在19世纪初形成了老式石库住宅的格局,几十年前该区域还是一片破旧、拥挤的居民区。经过大幅度改造,这个地区近8000人口的居民被动迁,新天地经过改造后,采用了经营者与管理者分离的商业模式,商铺地段对外出租但不出售。上海新天地已经成为繁华的商业区,汇聚了国内外一线品牌,集各种休闲、餐饮为一体,保留了许多遗留的里弄建筑,对现存的石库门建筑进行了修缮和维护,使其不仅拥有着现代气息,也体现了上海的历史文化风貌。

上海新天地街区以兴业路为界,整个街区分为南北两个区域,占地面积约为3公顷,保持着新老结合的建筑风格。南部区域主要以现代风格的新式建筑为主,北部区域主要以老式建筑为主。整个街区的核心地段坐拥占地面积较大、功能性较强的建筑,如新天地礼品店、新天地时尚购物中心等,其周边拥有较大的公共空间,而其他街道则保持着较小尺度的公共空间。

从空间布局(图3—1)上看,新天地的交通布局呈现出鱼骨状的分布,具有悠长、狭窄的空间布局特点,这也是"里弄"一词的出处,新天地在政府开发改造之后依然保持了这一独具特色的交通布局,在街道的内部设立了主干道作为"主弄"连接着南北两个街区,在主干道上又分出许多分支的街道作为"支弄"连接着新天地东西方向的街区,各个支弄相互独立,成为广场和商业区的出入口。

从性质特点上来看,主干道作为核心交通枢纽,具有较高的人流量和可达性,分支街道则通过相交的空间节点,增强了街区的活力与层次感。

图 3-1　上海新天地石库门里弄的空间布局

（二）田子坊

　　田子坊位于中国上海市黄浦区泰康路 210 弄（图 3-2）。泰康路是打浦桥地区的一条小街，1998 年前这里还是一个马路集市，1998 年 9 月，区政府实施马路集市入室管理，重新铺设泰康路路面，使原来泥泞和尘土飞扬的马路焕然一新。田子坊从一个拥挤平常的弄堂转变为现代创意聚集地，增添了人文艺术气息。

　　田子坊是由上海特有的石库门建筑群改建而成的创意产业聚集区，吸引了大量艺术家和设计师，其与新天地相比，更具艺术气息和文化多样性。实际上，除了同样时尚外，田子坊与新天地有着很多不同之处。泰康路上入驻的艺术品商店及工艺品商店已有 40 余家，入驻的工作室、设计室有 20 余家，政府提供平台支持，企业负责运营。田子坊是上海泰康路艺术街的街标，雕塑上方的飘带将把世界各地的艺术家们联结在一起。

图 3-2　田子坊

（三）步高里

步高里位于黄浦区（原卢湾区）陕西南路和建国西路交界处（图3-3），为典型的旧式里弄住宅群，1930年由法国商人修建，曾属于上海法租界，建筑均为共有砖木结构二层。步高里共有78幢石库门建筑，形成了完整的里弄街坊格局，弄堂口的中国式牌楼更是独具特色。著名作家巴金先生就曾居住在此，他的故居位于步高里52号。在这里他创作了《海的梦》等作品。

图3-3 步高里

步高里的石库门建筑，融合了西洋联排房屋风格，保留了中国传统民居的特色。屋脊红瓦如鳞，老虎窗藤蔓缠绕。厚实乌漆的大门背后是小小的天井，晾衣竹竿、搓衣板、马桶刷等居家日用品在此唱着主角。从天井到中厅，再到两侧厢房、灶披间，在幽暗中踏着狭窄的木楼梯走上去，经过玲珑的亭子间，走进宽敞的前楼，推开房间窗户，似乎伸手就能触及对面人家的门墙，邻里间的声息响动清晰可闻。有的一个门牌号里就住着好几户人家。百姓的生活在这里世代诞生，日复一日，如涓涓细流般安静流淌。

（四）今潮8弄

今潮8弄位于上海市虹口区四川北路989弄35~95号（图3-4），是虹口区滨港商业中心的修缮保护街区，面积 1.2 万平方米，是由 8 条里弄、60 幢石库门和 8 幢独立建筑组成。"今潮"指的是"今天的生活潮流"，从海派文化包容与创新的精神内核出发，打破剧场、舞台、美术馆的边界，让传统与现代、国潮与外潮、经典与未来在充满城市人文记忆、与整个城市没有边界的弄堂街区中自由生长，从文艺演出、艺术展览、文创集市、学术交流、社区活动、艺品展销等六个不同板块呈现予众。在保留历史风貌的基础上，今潮 8 弄注重修缮和合理利用，推动旧建筑的可持续发展，将保护历史风貌、改善城市功能和空间环境质量有机结合。

图 3-4　今潮 8 弄

（五）张园

张园位于上海市静安区南京西路风貌保护区核心位置（图 3-5），始建于 1882 年。它是上海现存规模最大、最完整、种类最多的中后期石库门建筑群，同时也是上海首个保护性征收改造的城市更新项目。张园在更新的同时，保留有 13 处市优秀历史建筑、24 处区文保点、5 处规划保留建筑，每一栋建筑都有其独特的历史印迹，在南京西路高楼簇拥下，形成一片独特之景。经过 4 年的保护性修缮之后，上海的百年文艺地标、"海上第一名园"张园终于重新开放。步入其中，16 幢海派风格的历史建筑"修旧如旧"，清水墙、拼花地坪，重现着老上海的里弄风情。

图 3-5　张园

二、老洋房社区公共空间的活性化利用

（一）思南公馆

思南公馆是上海市中心唯一一个以成片花园洋房的保留保护为宗旨的项目（图3-6），共有51栋历史悠久的花园洋房，汇聚了独立式花园洋房、联立式花园洋房、带内院独立式花园洋房、联排式建筑、外廊式建筑、新式里弄、花园里弄、现代公寓等多种建筑样式，是上海近代居住类建筑的集中地。

思南公馆占地面积约5万平方米，总建筑面积近8万平方米，内设有精品酒店、酒店式公寓、企业公馆和商业区，与淮海路沿线的百年经典建筑、名人故居，成为上海市中心集人文、历史和时尚底蕴于一身的最具特色风景。

图 3-6　思南公馆

（二）愚园路公共市集

愚园路是一条集众多老洋房、历史建筑、名人旧居为一体的上海老街区，曾经老旧杂乱的小路经过更新改造，在传承历史风貌的同时焕然一

新，高档别墅与老式弄堂共栖，市井气息与艺术店廊共存，成了一个充满烟火气息的"网红"艺术街区。

愚园路公共市集位于上海市长宁区愚园路1088弄（图3-7）。上海百年老街愚园路的改造计划一直在持续，具有旧街区情怀的"愚园公共市集"，就开在了愚园路上的一条老洋房弄堂里。

图3-7　愚园公共市集

（三）上生·新所

上生·新所位于长宁区延安西路1262号，处于被称为"上海第一花园马路"盛名的新华路历史风貌区，项目由3处历史建筑和11栋贯穿新中国成长史的工业改造建筑共同组成（图3-8）。园区内包括孙科别墅、哥伦比亚乡村俱乐部、海军俱乐部及附属泳池，以及多栋工业建筑。上生·新所定位文化、艺术、时尚和新媒体的多元空间，具备文化、创意办公、商业功能，是上海市民工作、休闲、消费、娱乐的理想场所。

图3-8 上生·新所

　　孙科别墅曾经是孙中山先生之子孙科的旧居，建于 1931 年。该别墅占地约 8000 平方米，建筑面积约 1000 平方米，由邬达克设计。主体建筑系西班牙风格，细部兼有巴洛克建筑元素，其斜坡屋顶采用红色圆筒瓦铺设，檐口细部装饰讲究，门套、窗套形式多变，运用各式拱券，壁炉顶上的烟囱似意大利文艺复兴时期的砌法，外墙立面简洁明快，展现了西方近代建筑的典雅风格和精致细节。

三、旧式公寓的品牌化文旅开发

（一）武康大楼

　　武康大楼（WuKang Building），原名诺曼底公寓，位于上海市徐汇区淮海中路 1850 号。它处于武康路、兴国路、淮海路、天平路、余庆路口五街交汇处，是上海第一座外廊式公寓大楼（图 3-9）。武康大楼始建于 1924 年，外形犹如一艘巨型航船。武康大楼占地面积 1580 平方米，建筑面积 9275 平方米，万国储蓄会出资兴建，旅居上海的著名建筑设计师邬达克设计。武康大楼共有 8 层，底层设置骑楼，垂直交通配有楼梯和 3 部电梯。1994 年，武康大楼入选第二批上海市优秀历史建筑。

图 3-9　武康大楼

（二）黑石公寓

黑石公寓（Blackstone Apartments），曾名花旗公寓，现名复兴公寓（图3—10），是位于上海市徐汇区复兴中路1331号的一幢历史公寓住宅，处在复兴中路南侧，东邻伊丽莎白公寓，西接克莱门公寓。因其填充墙体和部分构件采用黑色石材，得名黑石公寓。黑石公寓为一幢主体五层（局部六层）的混合结构建筑，平面呈矩形，每层设有7户，由T字形走廊连接，在T字形的交接部分设有U字形三跑楼梯，并配有电梯一部。建筑东西向长约39.3米，南北向宽约20.22米，总建筑面积约4809平方米。

图3—10　黑石公寓

（三）常德公寓

常德公寓原名爱林登公寓（图3—11），位于静安区常德路（原赫德路）195号，共有8层，为钢筋混凝土结构，占地面积为580平方米，建筑面积为2663平方米，建于1936年。公寓结合地形建造，平面呈"凹"形，每层三户，户型有二室户和三室户。每户客厅较大，设置壁炉；卧室配备小贮藏室和卫生间，厨房沿西外廊布置，双阳台分别连通客厅和卧室。西面通长挑长廊，既作为安全通道，又兼作服务阳台。第 8 层为电梯机房和水箱等用房。

　　公寓原为意大利房产，居住者多为社会中上层人士。著名作家张爱玲曾在这幢楼生活了 5 年左右，作家陈丹燕在《上海的风花雪月》一书中有一篇对张爱玲公寓的描述：张爱玲的家，是在一个热闹非凡的十字路口，那栋老公寓，被刷成了女人定妆粉的那种肉色，竖立在上海闹市中的不蓝的晴天下面。20 世纪 50 年代，张爱玲离开上海前往香港，后定居美国，1995 年在纽约去世。由于张爱玲名声传外，至今仍有不少人到常德公寓寻找张爱玲的家，拍照片、录像。

图 3-11　常德公寓（张爱玲故居）

四、苏州河两岸百年工业遗产的创意化改造

　　2018 年以来，上海聚焦苏州河两岸贯通和品质提升工程，苏州河从单一的水质治理逐步向营造高品质生活岸线转变。在 2018—2020 年的三年时间内，苏州河沿岸累计辟通了 63 处"断点"，新建了约 15 公里滨河"绿道"。这使得中心城区 42 公里岸线基本贯通，串联了苏州河两岸约 150 公顷绿地和开放空间。苏州河畔原有的老企业如造币厂、印钞厂、化工研究院等央企、国企依旧焕发着生机。其他的老工业建筑则或化身为创意产业园区，或成为博物馆和科普场馆，或是变为大型生态绿地，或作为工业遗产被更新利用，得到整体性的规划、保留和保护（图 3-12）。

图 3-12　沿苏州河的工业遗产建筑 ｜ 图源：朱怡晨

　　据同济大学建筑与城市规划学院的博士后朱怡晨考察，从苏州河与黄浦江的交汇处到中环约 19.2km 的河道两边，沿河道两个街区的范围内（基本上是步行可达河岸的尺度），至少有 60 多处工业遗产。每一处工业遗产，都可以挖掘出其身后的动人故事。

　　由苏州河逆流而上，可以梳理出 5 个工业遗址城市更新的典型案例：四行仓库（红色旅游目的地）（图 3-13）、八号桥艺术空间·1908 粮仓（生活美学体验空间）、M50 创意园区、苏州河梦清园环保主题公园（环保主题生态公园和展示馆）、创享塔（都市青年共享商务社区）。这些老工业遗址导入了新的文旅业态，重新焕发出生机。

　　（一）四行仓库：红色旅游目的地

图 3-13　四行仓库鸟瞰 ｜ 图源：上海四行仓库抗战纪念馆

　　地址：静安区光复路 21 号

　　原址：四行储蓄会仓库

　　保留建筑：1935 年竣工的四行储蓄会仓库

　　改造后导入的业态：红色旅游目的地、纪念馆、办公、剧场、咖啡馆

　　（1）改造前。

　　20 世纪二三十年代，国内外银行纷纷在摩登都市上海设点落户。1923 年，金城银行、中南银行、大陆银行及盐业银行成立联合储蓄会，即四行储蓄会。随着放贷业务增加，抵押货物渐多，为了堆放货物，四行储蓄会在苏州河畔买地建仓，由此，"四行仓库"建立（图 3-14）。

图 3—14 四行仓库早期历史照片 | 图源：上海历史建筑保护事务中心

四行仓库是一座钢筋混凝土结构的五层建筑，由东侧的大陆银行仓库和西侧的联合四行信托部仓库组成，两仓内部通过走廊互通，为当时苏州河北岸规模最大、结构坚固的仓储建筑。仓储建筑由当时沪上著名建筑事务所通和洋行设计，采用当时先进的无梁楼盖钢筋混凝土框架结构体系，外立面没有过多装饰，仅通过匀称的比例和局部简化的 Art Deco 柱式点缀。四行仓库于 1935 年竣工完成。

（2）改造后。

2014 年，四行仓库被公布为上海市文物保护单位，修缮工作随后启动，并于 2015 年全面展开（图 3—15）。四行仓库新的功能是将中庭西侧 1~3 层四行仓库抗战纪念馆，1 层设置停车及后勤功能，2 层以上用于办公，6 层为会议区和观景平台。

图 3-15　四行仓库 | 图源：上海历史建筑保护事务中心

　　根据规划，四行仓库将按照文物和优秀历史建筑修旧如旧的原则，恢复其作为当年四大银行金融仓库的原有风貌。特别值得一提的是，修复完成的西墙，共保留呈现了 1937 年四行保卫战中日军炮击形成的 8 个主要的炮弹孔和 430 余个枪眼弹点。设计人员查找了老照片和工部局历史档案，定位炮弹洞口位置，逐层剥除墙体之外的粉刷层，并采用 6 种方式修复弹孔，使其呈现出 1937 年战后的历史形象（图 3-16、图 3-17）。

图 3-16　四行仓库保卫战历史照片 | 图源：上海历史建筑保护事务中心

图 3-17　累累弹孔诉说着当年的抗战历史│图源：上海历史建筑保护事务中心

　　四行仓库抗战纪念地围绕上海四行仓库抗战纪念馆、晋元纪念广场、四行仓库纪念墙、纪念雕塑四个部分开展。上海四行仓库抗战纪念馆位于四行仓库西侧一至三层，总建筑面积 3800 平方米。纪念馆以"四行仓库保卫战"为基本陈列，分为"血鏖淞沪""坚守四行""孤军抗争""不朽丰碑"四个部分。除此之外，序厅、尾厅使整个陈列内容共分为六个部分（图 3-18）。

图 3-18　纪念馆内部│图源：上海四行仓库抗战纪念馆

　　除了抗战纪念馆，四行仓库还引入了其他业态。在办公之外，还有其他文旅场景。

　　2021年，一台为四行仓库度身打造的80分钟的沉浸式戏剧《秘密》在四行仓库的"特别红剧场"里开启了每日驻演（图3-19）。在这个剧场空间里，观众既可以跟随演员的脚步，近距离了解故事的发展，也可以自己漫步在这个逼真的空间，感受特殊的氛围。

图3-19　"特别红剧场"中的沉浸式戏剧｜图源：**澎湃新闻**

　　纪念馆大门右侧的"人民咖啡馆"还是一个能为外卖员、清洁工等免费提供休憩、饮水、救助等服务的爱心小站。"人民"二字和观众参观完四行仓库后所激起的爱国热情正好匹配。咖啡杯套的设计也进行了巧思，一经遇热，杯套的图案就会慢慢显现出四行仓库满目疮痍的墙面，等到冷却后，又会恢复鲜红的原状（图3-20）。

图 3-20　会随温度出现纪念墙面的咖啡杯套｜图源：乐游上海

（二）八号桥艺术空间·1908 粮仓：生活美学体验空间

地址：南苏州路 1247 号

原址：中国通商银行第二仓库—杜月笙私家粮仓

保留建筑：始建于 1908 年的粮仓

改造后导入的业态：艺术＋时尚＋休闲＋健身，生活美学体验空间

（1）改造前。

1908 粮仓，始建于 1908 年，原为"中国通商银行第二仓库"，后为民国时期杜月笙的私家仓库，在苏州河畔历经百余年而屹立（图 3-21、图 3-22）。

图 3-21　1908 粮仓鸟瞰｜图源：八号桥艺术空间

图 3-22　改造前的老粮仓｜图源：八号桥艺术空间

中国通商银行由中国实业之父盛宣怀于 1897 年创办，是中国人自办的第一家银行，也是上海最早开设的华资银行。1935 年开始，杜月笙担任中国通商银行董事长兼总经理。这幢建于 1908 年的仓库，后来被杜月笙用作自己的私家粮仓（图 3-23）。

图 3-23 改造前的老粮仓室内 | 图源：八号桥艺术空间

建筑为砖木式结构，墙面采用清水红砖墙，屋顶为歇山形式。

（2）改造后。

2017 年 5 月，修整后的粮仓成为"八号桥艺术空间·1908 粮仓"，并迅速成为网红打卡地。修缮工作尽可能保留了仓库古旧的历史原貌（图3-24、图3-25），同时重新定义了其社会功能，将其改造成一个时尚的生活美学体验空间。

图 3-24 化身为生活美学体验空间 | 图源：八号桥艺术空间

图 3-25　修旧如旧的设计改造｜图源：八号桥艺术空间

在接手了杜月笙私人粮仓的改造设计任务后，设计师汪昶行试图还原其历史原貌，但发现这栋建筑所在区域的照片与文字史料都是缺失的。为了尽可能地重现建筑原貌，汪昶行和团队沿着苏州河岸来回寻找和同时期建造的房子，然后再进行推演，并采访了曾在那一带长大的居民，参与他们的回忆来丰富建筑的细节。

设计团队以"珍藏历史、保护仓库"的审慎原则，"修旧如旧"，进行保护性修缮和功能更新。仓库的外立面是红砖清水墙，青砖嵌饰。仓库窗与门则大量采用木纹形式，配以精美的细部设计。歇山式屋顶下，仓库内的木质地板和立柱裸露出内里粗糙斑驳的木纹，在改造后的艺术空间里保存了原有的工业痕迹（图 3-26）。地板和立柱裸露着粗糙的木纹，墙面上陈年的白灰遮不住砖缝的裂痕，显得既古朴又前卫。

图 3-26 内部保留了大量历史印记 | 图源：八号桥艺术空间

改造后的 1908 粮仓建筑面积为 2000 多平方米，共分为三层：一层为互动休闲空间，包括文艺酒吧、体验书店等；二层为文化艺术空间，引入各种艺术展览、培训活动等；三层为时尚演出空间，提供话剧演出、影视拍摄等场所（图 3-27）。

图 3-27 多元的艺术空间体验 | 图源：八号桥艺术空间

粮仓的一楼，还引进了"啤酒阿姨"。一进门就能看见整墙的啤酒，进店仿佛在逛啤酒博物馆（图 3-28）。

图 3-28　富有特色的餐饮店｜图源：八号桥艺术空间

（三）M50 创意产业园区

地址：莫干山路 50 号

原址：信和纱厂—上海第十二毛纺厂—春明毛纺厂—春明都市产业园

保留建筑：1937 年创办的信和纱厂厂房和之后逐步加建的工业街坊

改造后导入的业态：包含画廊、画家工作室、设计师工作室、餐饮、设计师店等的创意产业园区（图 3-29）

图 3-29　M50 园区鸟瞰｜图源：上海城市空间艺术季

（1）改造前。

M50 创意园区的前身是 1937 年徽商周志俊在莫干山路 50 号创办的信和纱厂（图 3-30）。信和纱厂的前身为青岛华新纱厂，因战乱在搬迁的过程中滞留上海，1938 年上海厂房建成开工后，生产持续向上。1939 年，邀请当红影星胡蝶为该纱厂的"爱国蓝"布旗袍代言，使之成为当年上海滩最流行的服装款式。到抗战胜利后，其细纱锭数增加到 74276 枚，布机台数达到 253 台。1951 年信和纱厂申请公私合营，定名为公私合营信和纱厂。1960 年 10 月，改建为粗疏毛纺织厂，更名为公私合营上海信和毛纺织厂，1962 年改为上海第十二毛纺厂，1994 年改为春明毛纺厂。1999 年春明毛纺厂正式停产。

图 3-30 信和纱厂老楼 ｜ 图源：上海城市空间艺术季

园区内的建筑横跨 20 世纪 30 年代至 90 年代，涵盖多个历史时期，均为历史保护建筑。园区正门口的独栋建筑是整个园区内最早的建筑，建于 1937 年，有装饰风格。

（2）改造后。

"M50"既是"莫干山路 50 号"的英文简写，又代表着 M50 内的 50 栋历史建筑。这些建筑的外立面的改建是需要申请的。

M50 工业街坊发展与艺术活力注入历程（见图 3-31）。

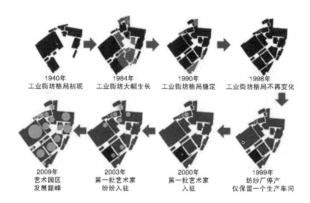

| 1940年 | 1984年 | 1990年 | 1998年 |
| 工业街坊格局初现 | 工业街坊大幅生长 | 工业街坊格局稳定 | 工业街坊格局不再变化 |

2009年	2003年	2000年	1999年
艺术园区	第一批艺术家	第一批艺术家	纺纱厂停产
发展巅峰	纷纷入驻	入驻	仅保留一个生产车间

图 3-31 M50 工业街坊发展与艺术活力注入历程 图源｜安墨吉建筑规划设计公司

1999 年工厂停产后，这里被定位为"春明都市产业园"，但最初业态发展较为混乱。2000 年，这里原有车间的大空间和便宜的租金，吸引了一些艺术家租用以当作工作室。几年后，随着香格纳画廊等重要画廊和丁乙等艺术家工作室的进入，带来了一批艺术家和设计师工作室（图 3-32）。

图 3-32 M50 园区一览｜图源：上海城市空间艺术季

M50 在招商运营中逐渐形成了分散布局的模式，艺术家工作室、画廊、展厅、餐厅等遍布园区内几乎所有建筑。在这里，画廊可以同时作为画家工作室，家具店可以举办画展，餐厅也可以办音乐会。这种灵活的模式不仅提升了经营主体的自主性，还有效地促进了企业之间的合作和交流。这种分散式的布局打破了传统单一的展览模式，为参观者增添了探寻体验的乐趣。由于园区的各展览空间是散布在各个角落的，这就会引导参观的人不自觉地在整个园区游走、探寻。

园区内的"涂鸦"文化（图 3-33），逐渐成为 M50 空间和文化内核的标识。从外部街道围墙到园区内部，"涂鸦"成为游客们拍照的打卡地。

图 3-33　园区内外随处可见的涂鸦文化｜图源：上海城市空间艺术季

M50 作为国内最早一批的创意产业园区，始终致力于推动文创产业的发展，搭建青年创业平台，挖掘艺术人才。从园区落成以来，M50 获得了上海市首批创意产业集聚区、上海十大优秀创意产业集聚区、上海市著名商标、上海市文化创意产业示范园区等称号。

国庆期间 M50 的部分展览如图 3-34 所示。

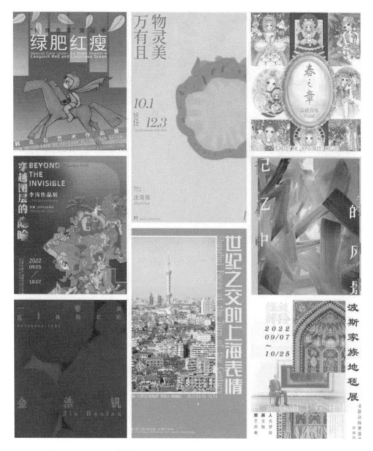

图 3-34 国庆期间 M50 的部分展览 | 图源：M50 上海

（四）梦清园：生态公园和展示馆

地址：宜昌路 66 号，苏州河昌化路桥和江宁路桥之间

原址：上海啤酒股份有限公司—上海啤酒厂

保留建筑：建于 1933 年的上海啤酒股份有限公司的工业厂房

改造后导入的业态：生态公园和展示馆（图 3-35）

图 3-35　苏州河梦清园｜图源：乐游上海

（1）改造前。

上海啤酒股份有限公司前身为德商"颐和"啤酒厂，创建于 1911 年，主要生产"UB"牌黄啤。1919 年，因经营亏损，被挪威商人收购，改名为斯堪脱维亚啤酒厂。1935 年挪威商人与英商沙逊洋行合资，并在香港注册为英商上海啤酒股份有限公司。后来扩厂迁至苏州河畔宜昌路 130 号，成为当时中国最大的啤酒厂（图 3-36）。工厂 1949 年停产，1957 年由上海市人民政府接管，易名为地方国营上海啤酒厂。

图 3-36　上海啤酒厂老照片｜图源：孤岛之风

上海啤酒厂建筑是匈牙利籍著名设计师邬达克设计的唯一一座工业厂房，由利源和营造厂承建，平面呈马蹄形，占地面积约 11000 平方米，总建筑面积约 32700 平方米。建筑为钢筋混凝土结构，现代派风格（图 3-37）。

图 3-37 改造前后的梦清园地块 | 图源：上海水务海洋

上海啤酒厂旧址所在区域已改造成苏州河梦清园环保主题公园。上海啤酒厂旧址 1999 年被公布为上海市第三批优秀历史建筑，2009 年 6 月被公布为第二批普陀区登记不可移动文物，2011 年初被公布为普陀区文物保护单位。其中，灌装楼被改造成展示苏州河历史和整治成效的梦清馆，酿造楼则被改造成会所。

（2）改造后。

梦清园三面环水，占地面积 8.6 公顷，绿化率 84%，是苏州河边上最大的一块绿地，是上海第一座活水公园（图 3-38）。

图 3-38 成为生态公园的梦清园 | 图源：上海水务海洋

　　2003 年，苏州河综合整治二期工程启动，梦清园所在的河段为重点工程之一，为此，动迁了居住在此的 754 户居民，搬迁了上海首座啤酒厂和其他 17 家工厂，初定名为"活水公园"。2008 年，苏州河治理完成，水质得到显著改善，梦清园也正式更名为"苏州河梦清园环保主题公园"（图 3-39）。

图 3-39 梦清园生态景观 | 图源：上海城投资产

梦清园以水环境生态处理示范系统为核心，通过环路串联各观赏点，形成了一个浑然天成的环境科普教育和休闲园区，园区内的景观构成了靓丽的苏州河景观廊。由邬达克设计的上海啤酒厂的灌装车间，改建成了环保科普展馆——梦清馆；酿造楼改造成了会所。

苏州河梦清园环保主题公园分为大鱼岛、人工湿地和梦清馆三大部分，主题公园基于生态学的原理，采集苏州河的活水进行处理。公园采用微生物治理、水生植物净化以及水生态重建等技术改善景观河流水质与水体修复。经过处理后的河水流入 1500 平方米的人工湖，此时水质已达到景观用水的标准，市民可在此戏水、亲水，处理后的水用于公园的清洗、灌溉花草树木，或流回苏州河。

上海啤酒厂的灌装车间改造成的"梦清馆"（图 3—40）共有 3 个楼层，3200 平方米的展厅，分为三大部分：一楼序厅"印象苏州河"，二楼"污染沉重的代价"，三楼"未来苏州河"。通过实物、模型、图片、影视、多媒体互动等手段，展示苏州河厚重的历史，治理的艰辛过程、复杂技术及显著成效。

图 3—40　由啤酒厂罐装车间改造的梦清馆｜图源：上海城投资产

（五）创享塔：都市青年共享商务社区

地址：普陀区叶家宅路 100 号

原址：宝成纱厂—日华五厂—广濑军服厂—上海被服总厂沪西被服

厂—总后一〇二厂

保留建筑：始建于民国初年带有瞭望塔的三层仓库，总建筑面积近万平方米

改造后导入的业态：共享办公、宾馆、买手店、餐饮、市集等，都市青年共享商务社区（图3-41）

图3-41 创享塔园区 | 图源：乐游上海

（1）改造前。

1918年，民族资本家刘伯森集资450万两纹银，在叶家宅路100号创办宝成纱厂，出产"如意牌"纺织品。工厂由德国人设计建造，采用钢筋混凝土框架结构，是中国最早的具有现代风格的建筑之一。

1926年，日本人喜多与和田两人注资宝成纱厂，并将其更名为喜和一厂，随后，他们与日华纺织株式会社合作，工厂再次更名为日华五厂，主要生产各类棉纱。1942年，日华五厂被侵华日军改作广濑军服厂，作为侵华日军在华东最重要的军服缝制基地之一。1945年，抗战结束后，日华五厂直接由国民政府军政部上海被服厂接收，1946年进入国民党联合勤务总司令部编制，更名为上海被服总厂沪西被服厂。

1949年，解放军总后勤部上海军需材料仓库（七四九仓库）进驻此地。1952年，工厂被并入总后勤部军需生产部一〇二厂。

（2）改造后。

2016年，这座历史建筑修缮更新后，被整体打造成集商业、工作、会务和休闲为一体的都市青年共享商务社区——创享塔·The X Tower。

整体改造由意大利著名设计师 Per Erik Bjornsen 主导设计，沿用了包豪斯理念，并融入了蒙德里安风格，在建筑外侧展示经典几何图形和简洁黑色线条，营造出一个简约而舒适的空间。建筑东西两侧，早年的货用电梯仍被保留（图3-42）。

图3-42　改造前（左图）改造后（右图）的园区建筑 ｜图源：城市空间探索者

如今的创享塔集办公、商业、教育、生活为一体，成为创新互联网共享空间。它不仅拥有前卫艺术的建筑外观，还汇集了共享办公空间、共享会议室、培训教室、酒店、餐厅、酒吧、咖啡厅和甜品店。此外，园区内还有各种设计师买手店和小众文创店。园区也会不定期举办特色夜市，比如万圣节市集、美食市集、夏日啤酒夜市等（图3-43）。

图 3-43　白天和夜晚都充满魅力的共享社区｜图源：乐游上海

　　作为一处共享商务社区，创享塔注重与周边社区的融合。市民可以通过"大众点评"租用园区 1 号楼的屋顶平台，用于办公、会议、开派对。2 号楼则打造了 X-Workshop 分时共享区域，为公众提供了短期自习、会议、办公的使用空间（图 3-44）。

图 3-44　充满活力的共享办公区域｜图源：城市空间探索者

创享塔的高颜值，离不开新旧两大要素：包豪斯风格的老厂房，后期改造中搭配的蒙德里安色系。在这里，游客可以俯瞰苏州河宝成湾全景，在地标塔楼留影，走走好似游戏画面的楼梯，坐进陀螺椅感受"天旋地转"。在一些"攻略"中，有网友将创享塔屋顶比喻为手机游戏"纪念碑谷"：玩家游走于错落的高台、塔楼、楼梯、连廊之间。

红黄蓝墙面搭配、观苏州河屋顶平台、塔楼、X－Workshop 分时共享区域、潮品买手店、西洋古董店、广场集市、滑板青年集聚地，自创享塔开园以来，这些区域成为众多游客的热门打卡地。自从苏河步道与创享塔园区打通后，园区与城市的联系更加紧密。越来越多的居民可以沿着苏州河步行前来，享受园区的休闲设施。

城市的内河，见证着城市的发展，也见证着时代的变迁。从生活到生产，再回到生活，沿河业态的变迁，是商业力量、政府引导、市民需求、文化发展等共同作用的结果。

在生态引领的今天，城市沿河工业遗产的业态更新，尤其是文旅产业的注入，为沿河带来了人气和商机，也为城市带来了新的活力。

苏州河工业文明展示馆见图 3－45。

图 3－45　苏州河工业文明展示馆 | 图源：乐游上海

参考资料：

[1] 周霏，李瑾. 以创意产业理念带动城市工业遗产自发性保护——以上海 M50 创意园区为例 [J]. 建筑与文化，2021，0（9）：159－160.

[2] 费成康. 中国租界史 [M]. 上海：上海社会科学院出版社，1991.

[3] 崔广录. 上海住宅建设志 [M]. 上海：上海科学院出版社，1998.

[4] 郑祖安. 近代上海"花园洋房区"的形成及其历史特色 [J]. 社会科学，2004（10）：92－100.

[5] 陈从周，章明. 上海近代建筑史稿 [M]. 上海：上海三联书店，1988.

[6] 伍江. 上海百年建筑史（1840—1949）[M]. 上海：同济大学出版社，2008.

[7] 上海市城市规划管理局，上海市测绘院，上海市城市建设档案馆. 上海市历史文化风貌区和保护建筑地图 [M]. 上海：中华地图学社，2008.

第四章

江南文化

-
-
-
-
-
-
-
-

　　本章主要介绍城市更新过程中，"建筑可阅读"项目在上海市郊"江南水乡、古镇老街"开展保护与改造的典型案例。

一、上海枫泾历史文化风貌区——枫泾古镇

（一）枫泾古镇概况

　　南朝梁天监元年（502 年），枫泾已成村落，到明朝末年，枫泾与盛泽、南浔、王江成为江南"四大名镇"，是上海第一个中国历史文化名镇。

　　金山区聚焦推进文博品牌建设，通过活化利用、特色挖掘等，持续推进"建筑可阅读"工作。与此同时，还积极推进非遗项目活态传承，不断完善传承体验设施建设，开展形式多样的非遗传承体验活动。金山区作为持续推进"建筑可阅读"工作的典型，已有 38 处文物点或代表性建筑挂牌（图 4-1）。在枫泾古镇的保护与发展过程中，金山区积极推动"建筑可阅读"项目的落实，进一步提高精细化管理水平和服务品质。

图 4-1　枫泾古镇风貌

（二）蔡以台读书楼

　　位于枫泾古镇内的蔡以台读书楼，这栋古色古香的百年建筑，已经变为一座现代的咖啡馆——"一尺花园"（图 4-2），吸引了不少市民和游客。建于清代的蔡以台读书楼（图 4-3），距今已有 200 多年的历史，是清代状元蔡以台的故居，是他接受启蒙教育的地方，也是他进京前主要日常起居地。金山枫泾古镇旅游公司和上海一尺之间文化传播有限公司合作，尽可能地保留建筑整体结构和蔡以台的状元文化。它被打造成历史、时尚、生活交融的文化消费休闲空间。

图 4-2　"一尺花园"咖啡馆

图 4-3 蔡以台读书楼

（三）丁聪美术馆

丁聪美术馆位于枫泾南镇青枫街 49 号，这匾额上的五个字是由著名画家、丁聪好友戴敦邦先生题写（图 4-4）。枫泾在当代历史里出过两位艺术大师，一位是国画大师程十发，另一位就是漫画大师丁聪。门口就是丁聪的自画像，笑眯眯的丁聪自嘲自己像一个永远长不大的孩子。永远表现出达观的丁聪，其艺术作品影响了几个时代，是我国人民熟悉、爱戴的漫画大师、书籍装帧设计家、舞台美术设计家。

图 4-4 丁聪美术馆

（四）丁蹄作坊

丁蹄，即"丁义兴"熟食店特制的"红烧猪蹄"，始于清咸丰二年（1852年），因店主姓丁，故名曰"丁蹄"，迄今已有150年历史，被称为"枫泾四宝"之一，是列入中国特产精品的著名美食。早在百年前，在江浙地带就享有盛名，先后两次获得国际博览会金奖。游客可以通过参观丁蹄作坊（图4-5），了解丁蹄的制作工序、丁蹄的历史和其成名背后的故事。

图 4-5 丁蹄作坊

（五）江南水乡婚俗馆

俗话说"千里姻缘一线牵"，最美好的爱情故事在中国传统文化里总是占据着重要的位置。江南水乡婚俗馆内（图4-6）收藏了婚姻证书、婚照、嫁妆等江南民间婚俗器具300多件，琳琅满目的收藏品将一个个时代的结婚特色展现得栩栩如生。

图4-6　江南水乡婚俗馆

（六）人民公社旧址

人民公社是中国现代一段特殊历史时期的特殊产物。1958年，全国上下掀起了轰轰烈烈的人民公社化运动。在此形势下，当时的枫围乡（今枫泾镇外围农村部分）也成立了人民公社，取名火箭人民公社，1959年3月改名为枫围人民公社。1984年1月，根据上级精神，枫围人民公社恢复为枫围乡人民政府。前后26年时间，四分之一个世纪，这里一直是当时人民公社的办公地点。后院还有毛泽东像章珍藏馆、防空洞、米格15飞机（图4-7）。

图4-7　人民公社旧址

（七）程十发祖居

　　走过镇上北丰桥，信步东向，就是枫泾古老的太平坊（今和平街）。在和平街151号，有一座三埭两天井后带花园的宅院。宅院静谧恬然，翰墨溢香。这里就是国画大师程十发的祖居（图4-8），程十发早期生活过的地方。

图 4-8　程十发祖居

（八）东区火政会

在廊棚一条街的东首，泰平桥南堍，生产街 124 号，是民国期间枫泾东区火政会所在地（图 4-9）。这是上海地区仅存的较为完整的一处近代消防机构旧址。火政会原址建筑是由一幢普通民宅改建而成的。受当时上海租界救火会建筑风格的影响，门面墙被改建成了西洋式。

图 4-9　东区火政会

（九）中国农民画村

"中国农民画村"坐落在枫泾镇的中洪村（图4-10）。这里是"中国特色村""中国十大魅力乡村""全国农业旅游示范点""上海市民喜爱的乡村旅游景点"。这里一年四季，风景如画。清清小河蜿蜒村中，老式民居，古风扑面。

图4-10 中国农民画村

二、上海朱家角历史文化风貌区——朱家角古镇

（一）朱家角古镇概况

朱家角古镇因河而兴起，具有典型的"江南文化"风格。朱家角有完好的明清古建筑群，拥有国家级非物质文化遗产项目，如"田山歌""摇快船"。因为在淀山湖边拥有得天独厚的自然环境，有着不同于其他的水乡风情。

朱家角位于青浦中南部，紧靠淀山湖风景区，素有"上海威尼斯"及"沪郊好莱坞"之誉。1991年，朱家角被列为上海四大历史文化名镇之一；2007年，被评为第三批"中国历史文化名镇"；2016年，入选第一批中国特色小镇。

朱家角历史悠久，据史料记载，在宋代、元代时已形成集市，至明代万历年间正式建镇，名"珠街阁"，又称"珠溪"。朱家角是上海保存较为完整的水乡古镇，九条老街依水而建，36座古桥横跨河流，书香水韵，古风犹存，拥有丰富的建筑遗产（图4-11）。

图4-11 朱家角古镇全貌

（二）仲宅

仲宅（图4-12）位于朱家角镇胜利街239弄7号，是一幢建于清朝光绪年间的老宅，被上海市政府公布为优秀历史建筑。其坐西朝东，临东市河。占地约600平方米，头埭八个门面，部分楼房，部分平房。进头埭，入天井，天井用矩形花岗石铺成，石库门仪门上方饰清水方砖。

图 4-12 仲宅

（三）席宅

席宅（图 4-13）坐落于朱家角镇东湖街席家弄内，建于明嘉靖年间（1522—1566 年），是上海地区为数不多保存较为完整的明代宅第建筑。该建筑为青浦区文物保护单位。整座宅院气势恢宏，富丽堂皇。宅第坐南朝北，正门前临珊瑚港，向后延伸至祥凝浜，前后共五进厅堂，现仅存前厅及前后两个天井。正墙门前设有三级台阶，沿河有石驳、河驳和水墙门。前厅建筑高大宽敞，为硬山顶，九架梁，面阔三间，宽 10.6 米，进深 10.5 米。头井宽 10.6 米，进深 6.7 米。雕刻于其建筑的砖雕和石雕保存完好，极具考古价值。

图 4-13 席宅

（四）朱家角天主堂

朱家角天主堂（图 4-14）位于朱家角镇漕河街 317 号。始建于清咸丰十年（1860 年），为一座小堂。光绪九年（1883 年），扩建为大堂，取名"耶稣升天堂"。该处被上海市政府公布为优秀历史建筑。宣统元年

（1909 年），另建与大堂互不相连的钟楼一座。建筑面积 1450 平方米，其中教堂 400 平方米。该堂为中西混合式，能容纳 700 人。1980 年 11 月，朱家角天主堂经修复后对外开放。

图 4-14　朱家角天主堂

（五）大清邮局

大清邮局（图 4-15）位于朱家角镇西湖街 35 号（近漕平路），始建于 1903 年，是清朝光绪年间上海地区十三家通邮站之一，也是华东地区唯一留存的清朝邮局遗址，是青浦区文物保护单位。大清邮局是朱家角古镇的名片之一，整修后的邮局保持了原有的正规格局，二层楼房占地约 100 平方米，再现了古镇邮驿的百年沧桑，展现了中华邮政的悠久历史。

图 4-15　大清邮局

三、上海南翔双塔历史文化风貌区——南翔古镇

(一) 南翔古镇概况

南翔古镇(图 4-16、图 4-17)有着悠久的人文风情,不仅可以欣赏梁代的云翔寺和古井、五代的双塔、明代的檀园,还可以聆听白鹤南翔、刘伯温智破龙穴地的传说。南翔双塔历史文化风貌区是上海保存较为完整的历史城区,南朝梁武帝于天监四年(505 年)在此建"白鹤南翔寺"。此地因寺成镇,故以寺得名——"南翔镇"。

图 4-16　南翔古镇

南翔古镇的核心是五代时期的市级文物保护单位南翔双塔及近年来恢复的云翔寺等宗教建筑物为中心，横沥河、走马塘两河道穿越而过。沿街巷及河岸留存有一定数量的清代至民国时期传统建筑群，包括民居及商业店铺等建筑类型。风貌区集中反映了上海郊区以重要宗教场所和商业街市结合形成城镇中心的传统江南城镇风貌特点。

（二）南翔双塔

南翔双塔（图4—17）位于南翔镇解放街218号、222号、237号，又名南翔寺砖塔、云翔寺砖塔。双塔建于五代至北宋之初，是上海古塔中的"老寿星"，曾是"南翔八景"之一，名为"双塔晴霞"。双塔是全国仅存的一对年代最悠久的仿木结构楼阁式砖塔，不仅具有极高的艺术价值，而且为研究我国古代建筑史、宗教史、地方史提供了珍贵的实物资料。

据清嘉庆《南翔镇志》记载：山门，宋僧遇贤皓暹赞能等建……山门内有砖塔二，东西相望，大可三抱，三丈许，八角七级，房各有井一。1986年，双塔完成首次修缮，砖塔通高11米，灰砖砌筑，仿木结构楼阁式，八面七层，底层直径1.86米，每级四面为火焰形的壶门，四面为简朴的直棂窗，设腰檐、平座、栏板、檐下施五铺作单抄单昂斗拱、八角形攒尖灰瓦顶。顶上立相轮、刹杆、宝珠构成的铁铸塔刹。

图4—17 南翔双塔

（三）檀园

檀园（图4-18）位于南翔老街内的混堂弄5号，在双塔的后面。大门"檀园"二字分别为康有为的弟子萧娴和书法家启功所题，檀园名字来源于园内两棵青檀树。其始建于明代万历时期，是"嘉定四先生"之一李流芳的私家园林，园内有剑蜕斋、慎娱室、次醉阁、春雨廊等精美建筑，以葫芦形水池居中，厅堂环立；洞壑盘旋宛转，曲廊贯通全园，体现了江南私家园林的特色，一草一木、一山一水、一屋一阁之间，有限的空间呈现出廊随桥引、移步换景的格局，徜徉园内，如在画中。

图4-18　檀园

四、上海练塘历史文化风貌区——练塘古镇

（一）练塘古镇概况

练塘古镇（图4-19）位于青浦区西南，是老一辈革命家陈云的故乡。练塘保留了元明清三代以来的水系街巷格局，类型丰富的传统建筑形成了"高屋窄巷对街楼"的水乡古镇特色。《章练小志》记载："练塘东西长九里，南北袤六里，湖滨接荡，四面皆水，为吴越分疆之要点，淞沪西北之屏藩。"

图 4—19　练塘古镇

春秋时期，练塘属吴，战国时属越，太湖、汾湖、淀山湖水在此汇合进入黄浦江，为黄浦江上游源头。五代十国时晚唐刺史章仔钧携夫人练氏镇守于此，因多水塘，故名章练塘。

（二）陈云故居

陈云故居（图4－20）位于练塘镇下塘街95号，建筑总面积约95.88平方米，是一座砖木结构的老式江南民居，坐南朝北，硬山顶，上铺小青瓦，为上海市文物保护单位。现在的陈云故居就是其舅父母家，旧居临街部分为店面，7架梁，穿斗式，北为店门，南有上扇槛窗，后用作裁缝铺和小酒店。店面后是两层小楼，为陈云舅父母所居，楼下为陈云居住过的房间，南北两面各有4扇海棠菱角式玻璃窗。南北两座建筑之间有一小天井，东西两面围墙各有一方形套钱式瓦花漏窗。陈云故居的布置基本保持了当年的原貌，较为写实地展现了少年陈云在故居成长时期的历史情境。

图4-20 陈云故居

（三）吴开先旧居

吴开先旧居（图4-21）位于练塘镇陈云故居纪念馆玉兰居，建于民国年间，坐南朝北，砖木结构，占地面积约640平方米，现在被辟为"领袖铜像馆"，是上海市文物保护单位。旧居为四进院，面阔三开间，通面阔约9.9米，一进为门面平房，二三进为两层楼，有回廊构成走马楼，四进为平房附屋。二埭天井中有一棵白玉兰树，树龄二百余年，是上海最古老的白玉兰，被列为国家一级保护文物的古树名木。

图4-21 吴开先旧居

（四）沿街民居

沿街民居（图4-22、图4-23）反映了上海郊区商业街市、河市结合的传统江南城镇风貌特征。风貌区建筑主要体现清末民初的传统江南水乡民居特点，颇有民国遗韵，偶有西式装饰，是典型的江南水乡院落式民居建筑，构成古镇物质环境的主体。民居沿街面宽各异，通常为12米。院落单元2~5进，规模不等。建筑为传统的粉墙黛瓦木构架民居，一层或两层，结构型制简朴，多为穿斗式。单体建筑屋顶多为两坡硬山，坡度平缓，檐口设有滴水；一组建筑往往由单檐与双檐组合而成，形成富有韵律感的坡屋顶群。屋脊的吻兽形态各异，形成了独特的视觉效果。

图4-22 沿街民居

图4-23 阜康酱园

五、上海金泽历史文化风貌区——金泽古镇

（一）金泽古镇概况

金泽古镇（图4-24）坐落于江、浙、沪两省一市交汇区域，地处淀山湖畔，古称"白苎里"，境内多湖荡泽地，土质肥沃，灌溉便利。960年前既已建镇，素有"兴于宋、盛于元"之说。据《江南通志》载，"穑人获泽如金"从而得名；又说此地为水乡泽国，且盛产鱼米赛金，故称"金泽"。

金泽古镇历史文化风貌区面积52万平方米，保留着"两街夹一河"的空间格局，建筑沿此三条轴线展开。古镇原有"六观、一塔、十三坊、四十二虹桥"之名胜，其中尤以古桥众多为特色。

图4-24 金泽古镇

（二）金泽七桥

金泽因水而兴，因桥得名，更以"桥桥有庙，桥庙共生"为特色的桥庙文化闻名海内。在古镇区内现尚存古桥 7 座，分别为建于南宋的万安桥（1260 年）、普济桥（1267 年）（图 4－25）、元代至元年间的迎祥桥（1335－1340 年）（图 4－26）、林老桥（1264－1294 年）、明代的放生桥、天皇阁桥和清康熙年间的如意桥。著名学者、书法家钱君匋曾观之动情，挥毫赞誉"金泽古桥甲天下"。

图 4－25 普济桥

图 4－26 迎祥桥

在现存的 7 座古桥中普济桥是上海地区保存最完整、年代最早的单孔石拱桥，街道是典型的"两街夹一河"的江南水乡格局。

（三）寺庙建筑

自宋以来，金泽古镇寺庙迭建，至民国还有一观、二寺、三阁、四庵、十三庙建筑。最早的寺庙"东林禅寺"相传始建于东晋年代。最大的寺庙"颐浩禅寺"始建于宋景定元年（1260 年），为南宋宰相吕颐浩择金泽之风水宝地。后经元、明、清数度扩建，相传有屋 5048 间，约 3 万平方米，以其规模之宏大、建筑之雄伟称雄江南（图 4—27）。《松江府志》称"虽杭之灵隐，苏之承天，莫匹其伟"。

图 4—27　颐浩禅寺

（四）老街民居

金泽古镇的古民居有鲜明的江南水乡特色，其分布密集、形式丰富、年代跨越了宋、元、明、清四个朝代。金泽上塘街和下塘街是老街，全长东西约 1000 米，南起迎祥桥，北至金鹰桥。古镇现今保留着较完整的明清建筑，整条长街坐落着数十座结构相似的明清宅院，形式整齐、错落有致。许家老宅建筑结构保存完整，沿着纵轴线由东而西布置合理。

图 4-28　老街民居

参考资料：

［1］i 金山. 解锁"建筑可阅读"新玩法！［EB/OL］. 腾讯网.（2023-
　　08-20）［2024-04-26］. https：//www. 163. com/dy/article/ICJCU
　　7IR0514CILT. html.

［2］上海金山. 枫泾古镇景区介绍［EB/OL］. 上海金山.（2023-09-
　　01）［2024-04-26］. https：//www. jinshan. gov. cn/fjz-zjfj/2023
　　0901/851071. html.

［3］上海住房城乡建设管理. 寻访"朱家角"里的历史建筑.［EB/OL］.

澎湃政务．（2023－09－22）［2024－04－26］．https：//m. thepaper. cn/baijiahao＿24711912.

［4］上海城建档案. 国际档案日——知识问答活动︱南翔双塔历史文化风貌区［EB/OL］.澎湃网．（2023－06－08）［2024－04－26］. https：//www. thepaper. cn/newsDetail＿forward＿23391066.

［5］上海住房城乡建设管理. 【城市印象】行走古镇，品读"南翔老镇"的悠悠岁月［EB/OL］.澎湃政务．（2023－10－27）［2024－04－26］. https：//m. thepaper. cn/baijiahao＿25089799.

［6］上海城建档案. 申城记忆︱陈云故里，练塘古镇［EB/OL］.湃客．（2020－03－31）［2024－04－26］. https：//m. thepaper. cn/baijiahao＿6761435.

［7］绿色青浦. "江南水乡泽国"：金泽镇［EB/OL］.东方网．（2024－02－26）［2024－04－26］. https：//new. qq. com/rain/a/20240226A084H700.

结　语

　　从 19 世纪中叶起，随着《雅典宪章》［1933 年］、 《威尼斯宪章》［1964 年］、《华盛顿宪章》［1987 年］的颁布，国际上对城市遗产的研究，逐步由对单体建筑外立面的风貌整治转向了对历史街区的完整性保护和对其社会问题的关注。我国对历史街区的保护始于 1982 年国务院批准并公布的第一批历史文化名城，并在 1986 年第二批历史文化名城公布时提出了"历史文化保护区"的概念，从而形成了我国历史文化遗产保护的层次体系。2005 年发布（2018 年修订）的《历史文化名城保护规划标准》进一步明确了历史城区、历史地段、历史文化街区等概念的范围和内容。

　　在习近平新时代中国特色社会主义思想的引领下，上海始终把人民城市中"以人为本"的城市发展理念放在首位，重点凸显其城市文化中特有的红色文化、海派文化和江南文化。文化，是一座城市的气质、风骨和灵魂。上海这座城市将"人"视为最宝贵的发展资源，是历史文化的积淀所在，更是一切发展的价值旨归。

　　"建筑可阅读"项目以"线上"阅读渠道与"线下"建筑空间相结合的形式开启了上海历史街区多元化保护与更新的新模式。上海通过"线上""线下"齐抓共举，融合上海特色的红色文化、海派文化、江南文化元素，创新推出百余条特色建筑游经典路线，贯通建筑"可读""可听""可看""可游"为一体，打通展示利用空间，以拓展有效体验场景为"建筑可阅读"项目发挥持续性效果奠定良好基础。

　　在调查过程中发现，郊区的历史文化风貌区虽已有不少古镇老街融入了"建筑可阅读"项目，但与中心城区的 12 片历史文化风貌区相比，在保护主体、融资机制、政策扶持方面还有不少提升空间。

　　"建筑可阅读"项目吸引着越来越多喜欢上海城市文化、想要阅读历史建筑故事的市民及游客，以城市漫步的形式参与到城市文旅中。同时，"建筑可阅读"APP 和红色文化地图等数字化互动体验，进一步加强了市民和游客对上海城市历史人文与历史建筑的感知。

　　在习近平新时代中国特色社会主义思想的引领下，"建筑可阅读"跨越在虚拟与现实之间，形成了独有的文化软实力，为历史街区保护赋能，将越来越多的上海优秀建筑变成上海都市旅游的新"名片"，并为传播上海精彩、讲好中国故事、增强全球叙事能力迈出上海先行示范的新步伐。

附　录

1. 上海郊区 32 片历史文化风貌区

序号	行政区	数量	备注
1	浦东新区	7	高桥老街、新场、川沙中市街、大团北大街、航头下沙老街、南汇横沔老街、南汇六灶港、
2	青浦区	7	朱家角、青浦老城厢、金泽、练塘、重固老通波塘、徐泾蟠龙、白鹤港
3	嘉定区	5	定州桥、嘉定西门、南翔双塔、南翔古猗园、娄塘
4	松江区	3	松江仓城、松江府城、泗泾下塘
5	宝山区	1	罗店
6	奉贤区	3	奉城老城厢、奉贤青村港、庄行南桥塘
7	闵行区	2	七宝古镇、浦江召楼老街
8	崇明区	2	崇明草棚街、堡镇光明街
9	金山区	2	张堰、枫泾
合计		32	

来源：上海市规划和自然资源局

2. 建筑可阅读之上海红色文化——♯ 小 程 序：∥红 途／
kIKJoTBxVg7ciyd 截图

3. 红色之旅线路示意图

（1）红色之旅——外滩示意图。

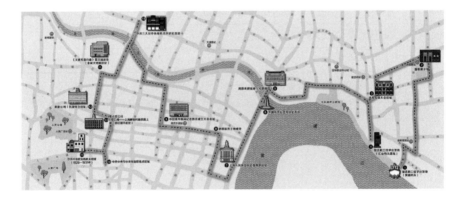

（2）红色之旅——淮海路示意图。

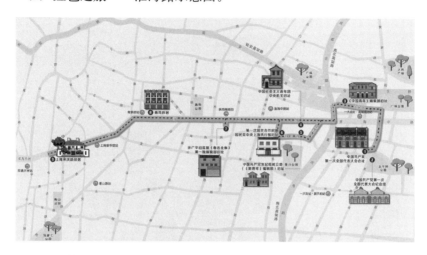

（3）红色之旅——南区示意图。

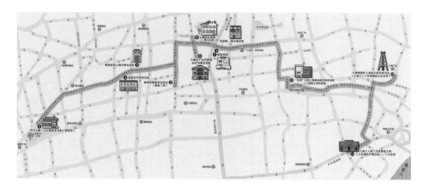

（4）红色之旅——静安示意图。

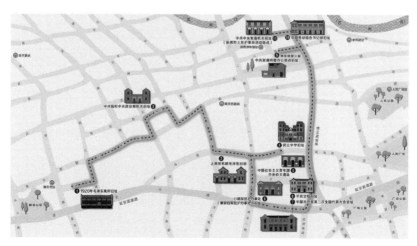

（5）红色之旅——沪西示意图。

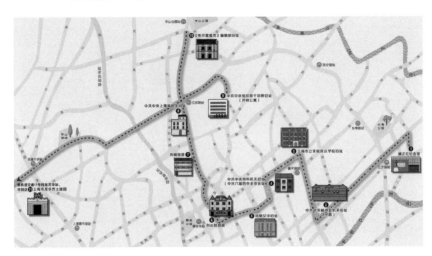

（6）红色之旅——虹口示意图。

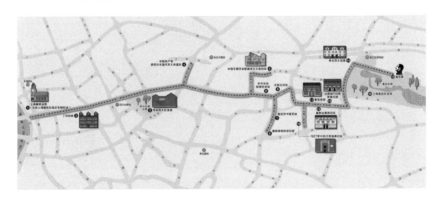

后 记

习近平总书记强调"文化是城市的灵魂"。当今世界，文化软实力越来越成为一个国家、一座城市综合实力的重要标识。上海特殊的城市人文史，在于它的"红色文化""海派文化"和"江南文化"交相融汇。

与现代化住宅相比，历史街区在建筑老化、基础设施功能性等方面面临一定挑战。随着保护行动的深入，上海面临着如何让生活在传统街区的居民认识到维护建筑文化遗产的重要性，并自觉参与保护的问题。为此，需要在"修旧如旧"的基础上提升居住功能，同时加强对历史文化遗产的宣传教育，使市民更懂老建筑、更爱老建筑，愿意参与到老建筑的保护中。

为此，上海通过文化赋能，搭建起市民与历史建筑之间的桥梁，使"建筑可阅读"项目逐步融入市民和游客的休闲生活。在城市漫步中，人们慢慢爱上上海的"过去"，细细品味"现在"，一同思考"未来"。"建筑可阅读"已成为全社会参与、全民互动的"助推器"，赋能上海成为宜居、宜业、宜游的全球知名旅游城市。